广西职业教育教学改革重点研究项目研究成果

卢森专

梁庆波　主编

桂东南名菜名点

中国农业科学技术出版社

图书在版编目（CIP）数据

桂东南名菜名点/卢森专，梁庆波主编 . --北京：
中国农业科学技术出版社，2021. 1
ISBN 978-7-5116-5120-4

Ⅰ. ①桂…　Ⅱ. ①卢…　②梁…　Ⅲ. ①菜谱-广西
Ⅳ. ①TS972. 182. 67

中国版本图书馆 CIP 数据核字（2021）第 016415 号

责任编辑　李冠桥
责任校对　贾海霞
责任印制　姜义伟　王思文

出 版 者　中国农业科学技术出版社
　　　　　　北京市中关村南大街 12 号　　邮编：100081
电　　话　（010）82109705（编辑室）　（010）82109704（发行部）
　　　　　　（010）82109703（读者服务部）
传　　真　（010）82106625
网　　址　http：//www.castp.cn
经 销 者　各地新华书店
印 刷 者　北京建宏印刷有限公司
开　　本　170mm×240mm　1/16
印　　张　9.25
字　　数　164 千字
版　　次　2021 年 1 月第 1 版　2021 年 1 月第 1 次印刷
定　　价　49.00 元

《桂东南名菜名点》

编　委　会

顾　　问：曾　基

主　　编：卢森专　梁庆波
副 主 编：黄文荣　陈勇健　陈　伟
参编成员：黄　勤　谭伟先　陈　静　吕宇锋
　　　　　程立宏　秦钦鹏　宾远菲　陈一杰
　　　　　刘江南　梁晓冰　钟雪莲　甘　霖
　　　　　潘　瑜

前　言

　　中国是一个饮食文化源远流长的国家，由于地区分布、饮食风俗习惯的不同，中国菜又演变出了许多菜系。我国的各种地方菜是各个地区具有不同特色的民间菜，它是相对于宫廷菜、官府菜和寺院菜而言的，是构成中国菜的主体。而桂菜历史悠久，桂东桂南以粤菜系为主，桂北桂西是以湘菜系为主，百色河池偏云南贵州菜，桂东梧州偏正宗粤菜，桂东南就是名副其实的粤西菜系，经过漫长的传承、创新，桂东南菜系发展形成了"鲜、嫩、甜"的风味格局，成为中华餐饮文化的一朵奇葩。

　　然而我们听说过鲁、川、粤、苏、闽、浙、湘、徽这八大菜系，还有潮州菜、东北菜、本帮菜、京菜、客家菜、清真菜这些有名的菜，却独独没有听说过统一的桂菜菜系，这不得不让人抱憾。为了提升桂东南名菜名点的知名度，树立桂东南美食品种多样、口味多元的新形象，增强大众对于桂东南美食的接受度，本书汇集了桂东南地区的名菜名点，将其介绍给广大读者。

　　本书根据高职高专教材建设的具体要求和高等职业教育的特点编写。在内容安排上，以对应职业岗位的知识和技能要求为目标，以"够用""实用"为重点，以任务为主线，分2个部分介绍桂东南名菜名点。任务一为桂东南名菜，任务二为桂东南小吃、名点，秉承以实践为主，以图文并重的形式介绍菜点制作过程。

　　由于编者时间和水平有限，书中难免存在不足之处，恳请各位读者批评指正！

编　者

2020 年 3 月

目　　录

任务一　桂东南名菜

玉林酸甜扣肉

活动导读

"一二三，穿威衫，四五六，夹扣肉，七八九，饮烧酒。"幼时传唱的童谣点明过年值得欣喜的 3 件事，其一便是扣肉。年夜饭上，在众多菜式之间，大碗装的扣肉放置在最中间，意为"大菜"。上桌的扣肉皮色金黄，上面以香菜(葱花)点缀塑造一个"好卖相"。扣肉底下多铺着酸荞头和酸菜，也有人家放饭豆的，总之荤素搭配之间，需要有一味"酸"。扣肉一上桌，其香味便能压过其他菜色，既香又酸的独特气味让人垂涎欲滴。

实训指导

实训名称　玉林酸甜扣肉
实训时间　4 学时
成品特点　酸甜可口、肥而不腻
主要环节　原料选择—煮制—涂盐—炸制—改刀—拌味—装碗—蒸制—倒扣装盘

实训内容

实训准备

主料：五花肉

辅料：酸荞头、梅子、蒜米、腌柠檬、酸菜叶

调料：白糖、大腐乳、白米醋、生抽、老抽、盐

实训流程

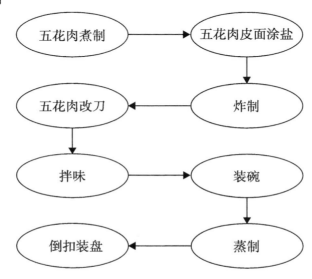

1. 原料

主料：五花肉 1 000 克。

辅料：酸荞头 50 克、梅子 50 克、蒜米 30 克、腌柠檬 10 克、酸菜叶 200 克。

调料：白糖 35 克、大腐乳 1 块、白米醋 50 克、生抽 100 克、老抽适量、盐适量。

2. 制作方法

（1）将五花肉煮熟至皮烂（用筷子能穿透即可），用铁针均匀地穿透表皮并擦上盐和醋，放入低温油锅中小火炸至起色起花即可捞出，放入冷水中浸至回软，切长方件待用。酸菜叶切碎炒干水分。

（2）将辅料剁蓉，加调料调好扣肉汁，倒入切好的扣肉中搅拌均匀，腌制12小时，逐件排扣碗中，将余汁倒入碗中，上笼大火蒸40分钟左右出油，放入酸菜叶反扣碟中，撒上葱花即成。

3. 成品要求

酸甜可口，肥而不腻。

4. 制作关键

（1）煮肉时皮一定要熟透，并且打针孔要均匀，起色起花时要勤看，否则容易炸糊。

（2）腌制时要搅拌均匀，腌制时间足够，否则不入味。蒸制时间要足够，否则口感不好。

玉林钟周炸肉

活动导读

广西钟周炸肉餐饮有限公司坐落于美丽的绿城南宁高新区中盟科技园，是广西规模最大、最专业的热炸连锁品牌餐饮店，在玉林已经是深入人心，无人不知。

钟周人以玉林农村传统酒席菜为主营方向，旗下产品拥有玉林十大小吃的炸肉、酥肉、玉林牛巴、玉林猪巴、玉林肉丸、竹蒸香芋扣肉、卤制品系列等美食。

实训指导

实训名称　玉林钟周炸肉
实训时间　4 学时
成品特点　咸中微甜，肥而不腻，入口甘香
主要环节　原料选择—调汁—腌制—挂糊粘粉—炸肉—斩件装盘—点缀

实训内容

实训准备

主料：五花腩肉
辅料：姜块、葱条、香菜叶
调料：盐、料酒、特制香料、黏米粉、花生油、白糖、甘草粉、腌柠檬

实训流程

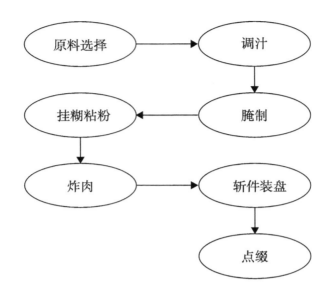

1. 原料

主料：五花腩肉 1 000 克。

辅料：姜块 50 克、葱条 50 克、香菜叶 30 克。

调料：盐 12 克、料酒 100 克、黏米粉 500 克、花生油 1 500 克、白糖 30 克、甘草粉 15 克、腌柠檬 20 克、特制香料适量。

2. 制作方法

(1)将姜葱拍蓉，加料酒抓制成姜葱酒汁。

(2)五花腩肉洗净切成 10 厘米厚的长片，倒入姜葱酒汁、盐、白糖、腌柠檬及特制香料和甘草粉搅拌均匀，腌制 2 小时左右。

（3）将五花腩肉挂糊拍干黏米粉，稍微回潮后放入六成（一成约为30℃）热油锅中炸至金黄酥脆，捞出沥干余油。

（4）炸肉自然凉后，斩件装盘，香菜叶点缀。

3. 成品要求

咸中微甜，肥而不腻，入口甘香。

4. 制作关键

（1）五花腩肉要选家养土猪。

（2）炸制油温控制在180℃，温度过高容易炸煳又熟不透，温度过低表面湿油不酥脆。

福 绵 鸭

活动导读

福绵鸭继承了玉林美食"清"的传统。鸭身经过特殊的腌制，经水煮熟，然后斩块摆碟。福绵鸭看上去很嫩，就像美少女的皮肤一样剔透光滑，看着就令人食欲大增。淋上独门料汁，加上一些姜丝、黄豆、花生，一盘正宗的福绵鸭就在你面前了。给人不腻的感觉，清爽宜人。炎热的夏天来上一盘福绵鸭，那可真是一种享受。

实训指导

实训名称 福绵鸭
实训时间 2 学时
成品特点 原汁原味，清淡爽口
主要环节 煮黄豆—浸鸭—调味碟—腌姜丝—斩件装盘

实训内容

实训准备

主料：福绵鸭
辅料：黄豆、香叶、八角、陈皮、姜片、蒜蓉、葱、香菜、姜丝
调料：白糖、生抽、芝麻油、醋、盐、酒、味精、植物油

实训流程

```
  煮黄豆  ──────→   浸鸭
                      │
                      ↓
  腌姜丝  ←──────   调味碟
    │
    ↓
  斩件装盘
```

1. 原料

主料：福绵鸭 1 000 克。

辅料：黄豆 250 克、香叶 1 克、八角 1 克、陈皮 1 克、姜片 2 克、蒜蓉 2 克、葱 3 克、香菜 2 克、姜丝 50 克。

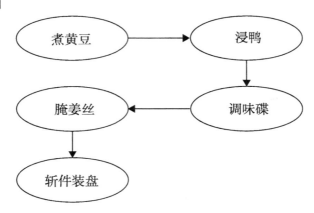

调料：白糖 3 克、生抽 20 克、芝麻油 5 克、醋 10 克、盐 5 克、酒 5 克、味精 4 克、植物油 30 克。

2. 制作方法

（1）煮黄豆。黄豆提前用开水浸泡半小时后倒入锅中，加入比平时煮饭稍多一些的水，水中加入黄豆与其他辅料，慢炖 1 小时至黄豆熟软。沥干水分，拣出辅料。

（2）浸鸭。取一口保温性能好的大锅，放入足够没过鸭的水，水中加入部分辅料，水烧开后随即转小火，保持水温即可，切勿使水沸腾，这样才能保持鸭皮的清爽（时间视鸭大小厚薄而定，用牙签插入鸭腿最厚实的部分，不见血丝即为熟透）。鸭熟透即可出锅沥干，室温晾凉（赶时间的也可浸冰水降温，不过这会让鸭肉瞬间收缩变紧实一些）。

（3）腌制姜丝。姜切细丝，用清水泡洗两遍洗去表面的淀粉。沥干后加入白糖和米醋腌制，可去掉姜过多的苦辣味。

（4）调制味碟。锅中热油，下蒜蓉，中小火煎至微黄，加入其他调料，煎香后加入适量清水，煮至沸腾时关火，撒葱花和香菜。

（5）将晾凉后的鸭腿斩成小块（没有大砍刀的就把鸭肉片成薄片），放入盘中。先加入适量芝麻香油，再倒入味碟，搅拌均匀。最后加入黄豆和姜丝，搅拌均匀即可。

3. 成品要求

原汁原味,清淡爽口。

4. 制作关键

(1)选用本地的福绵鸭。

(2)浸鸭时火候先用大火烧开,然后改小火浸泡至熟。

玉林牛肉丸

活动导读

　　玉林牛肉丸又称肉蛋，是玉林市的特产小吃。玉林肉丸洁白、嫩滑、松脆、无渣、味鲜美，富弹性，从高处扔下，可弹起 10～20 厘米。玉林牛肉丸可谓是最流行的一道菜，便宜量足，有助于消化。玉林的牛肉丸，传说已有 200 多年的历史。它好就好在"脆"字上面。初到玉林城的外来宾客，如果尝到的牛肉丸是又松又脆、又滑又香、细嚼无渣、汤清而鲜者，那肯定是上品。

实训指导

实训名称　　玉林牛肉丸
实训时间　　4 学时
成品特点　　爽脆，带弹性，鲜美可口
主要环节　　选料—剔筋膜—捶蓉—调味—搅拌—挤丸子—煮熟(50℃左右)

实训内容

实训准备
主料：黄牛后腿肉
调料：食盐、胡椒粉、味精、枧水

实训流程

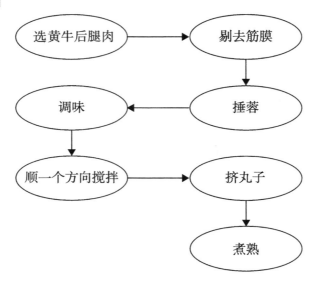

1. 原料

主料：黄牛后腿肉 1 000 克。

调料：食盐 20 克、胡椒粉适量、味精适量、枧水适量。

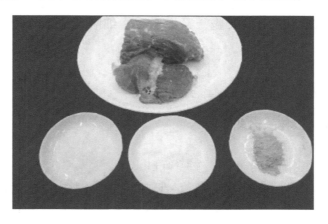

2. 制作方法

（1）牛肉去筋膜切厚片，放在青石板上，用木槌锤成肉浆（手抓起放下肉不粘手为佳）。

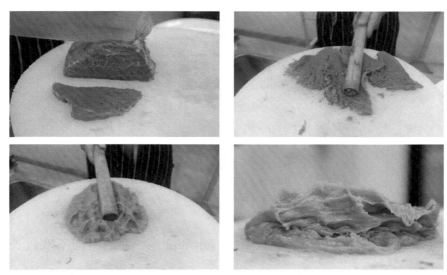

　　（2）把肉浆放入大盆中，加入枧水、盐、胡椒粉、味精，叉开五指插入肉浆中，顺一方向搅拌成胶，拿起摔打十几次，以把肉浆拉开能自动收缩为佳。

　　（3）把肉胶制成丸，放入 50℃ 的热水中，加温至沸腾，待肉丸浮起捞起来即可。可做成肉丸汤或者烩菜。

3. 成品要求

爽脆，带弹性，鲜美可口。

4. 制作关键

（1）选择新鲜的牛后腿肉，且不能打水和洗涤，存放时间不宜过长，否则打不成肉浆。

（2）搅拌一定要顺时针方向，否则做不成肉浆。

（3）长时间高温会使肉丸变老不脆。

不见天炒牛料

活 动 导 读

玉林传统特色美食之牛料，是玉林人的通俗叫法，就是大家说的牛杂。玉林食用牛肉的习惯可以说是从秦汉时候开始的，牛作为主要的生产工具，用于耕田耕地、拉车驮货等劳役，但牛无法避免老去。聪明的玉林人民采用中原和西北游牧民族肉干巴的制作方法，根据玉林当地特点和特产香料以及玉林人的口味，总结出玉林传统特色美食之——牛巴。牛是宝贵的，除了牛肉，聪明的玉林人把内脏也充分利用起来，巧妙地烹饪成玉林传统特色名菜——炒牛料，也是一道美味佳肴。

玉林传统牛料一般是生炒，特点是爽脆甘美、震齿顿颔、汁味回香、令人难忘。生炒牛料可以保留蛋白质不流失，营养特别丰富，还很容易被人体吸收，是有益于健康的绝佳食品。牛料不只是玉林人喜欢吃，有些外地朋友还专门为吃牛料来玉林。

实 训 指 导

实训名称　不见天炒牛料
实训时间　4 学时
成品特点　美味肉鲜，脆嫩爽口
主要环节　选料—原料清洗—原料切配—炒制—装盘

实训内容

实训准备

主料：牛腱子、牛肛贤、牛百叶、牛直肠、黄喉

辅料：青蒜段、芹菜段、豆青、姜丝、葱、蒜头、蒜蓉

调料：盐、白糖、味精、蚝油、生抽、生粉、胡椒粉、腌柠檬、料酒、花生油

实训流程

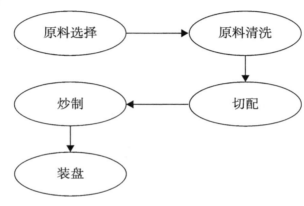

1. 原料

主料：牛腱子 300 克、牛肛贤 500 克、牛百叶 300 克、牛直肠 300 克、黄喉 250 克。

辅料：青蒜段 100 克、芹菜段 100 克、豆青 500 克、姜丝 50 克、蒜头 50 克、蒜蓉 30 克、葱 30 克。

调料：盐 15 克，白糖 10 克，味精 5 克，蚝油 150 克，生抽 50 克，生粉、胡椒粉各适量，腌柠檬 30 克，料酒 50 克，花生油 200 克。

2. 制作方法

(1)肛贤、百叶、直肠分别洗净切成小件，牛腱子、黄喉切片，加盐、料酒、腌柠檬分别腌制。

(2)豆青(或者其他果蔬)焯水至熟，将腌好的牛杂分别拉油至熟，倒出沥干余油。

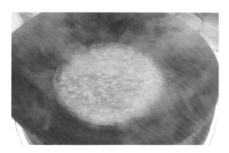

(3)爆香姜葱、青蒜、芹菜段即放入牛杂，烹入料酒翻炒，放蚝油、白糖、胡椒粉。

(4)生抽、味精翻炒入味，再放入豆青炒匀，用湿生粉勾芡即可出锅装盘。

3. 成品要求

美味肉鲜，脆嫩爽口。

4. 制作关键

(1)牛料选用零时左右宰牛的新鲜原料，即不见日光，这样炒出来的才味鲜肉嫩。

(2)炒制时要用猛火炒制，原料脆嫩口感好。

西街口炊鸭

活动导读

岭南都会玉林，引来大江南北商贾，而西街口曾经的繁华，同样也引来八方美食荟萃于此。在岁月的积淀中，西街口逐渐成为玉林的美食地标，也成为玉林美食文化的汇聚点、外地食客慕名而来的美食天堂。

所以，西街口，历史上的繁华之地，因为美食，至今依然魅力无限。

别的不说，玉林牛巴作为玉林最具地方特色的美食，早已闻名国内外，而西街口简直就是玉林牛巴的天下——牛大叔牛巴、吴常昌牛巴、黎伍福牛巴、吴氏二记牛巴、文十六牛巴等众多本地名牌云集于此。不论是本地人还是外地人，找玉林牛巴到西街口就对了。

当然，除了牛巴，延伸至北街的美食街上花样百出的小吃也味道独特，街头巷尾的炊鸭、盐焗鸡、卤水鸡鸭、砂锅粥、卷馅粉，大排档的牛杂、猪杂、鱼料等，还有摊档里的酥肉、肉蛋、粉蒸肉等各式玉林美食，都承载着满满的玉林味道。西街口炊鸭更是一道不可多得的美味。

实训指导

实训名称　西街口炊鸭

实训时间　2 学时

成品特点　鲜香滑嫩，味醇肉甘

主要环节　选料—原料清洗干净—原料腌制—封口—蒸制—斩件装盘—原汁勾芡淋上

实训内容

实训准备

主料：本地光鸭

辅料：半肥瘦、红枣、香菇

调料：姜、葱、陈皮、腐乳、糖、胡椒粉、酒、味精

实训流程

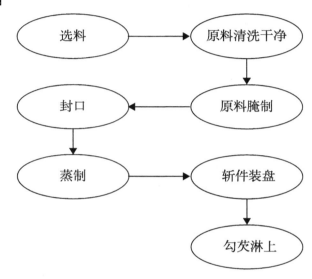

1. 原料

主料：本地光鸭 1 250 克。

辅料：半肥瘦 200 克、红枣 5 个、香菇 2 个。

调料：姜 50 克、葱 20 克、腐乳 10 克、糖 5 克、胡椒粉 1 克、酒 10 克、味精 5 克、陈皮少许。

2. 制作方法

（1）把光鸭全身用盐酒擦过待用，将葱、红枣、香菇切丝，所有的调味料一起拌匀。

（2）把鸭脖子用绳扎好，打开鸭子腹腔，将调好味的补料和半肥瘦填入鸭肚内，再用竹签或铁签将腹腔缝上。

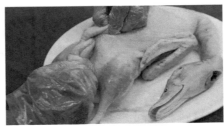

（3）上蒸笼，用猛火蒸熟（大约 1 小时），待鸭凉透后，取出竹签，倒出填料。

（4）将鸭斩件，将填料原汁勾芡，淋在鸭上即可。

3. 成品要求

鲜香滑嫩，味醇肉甘。

4. 制作关键

（1）原料为质量好的本地鸭。

（2）腌制时间约 1 小时。

（3）采用大火蒸制，时间为 1 小时左右。

网 油 鱼 卷

活动导读

宋代终老于江苏常州的大文豪苏东坡一天在食米团时，忽发奇想："若内藏以豆泥，外裹以'雪衣'，如糕团之炮制，改蒸煮之方为炸熘之法，岂非佳肴乎？"这位美食家尝试着亲自下厨，几经周折，终因未完全掌握"雪衣"（蛋泡糊）制作之技，只能以蛋清包裹，成品不甚理想。后经常州名厨反复揣摩，才慢慢演变成今日常州名点——网油卷。制作所用猪网油需选择刚宰杀的猪身上取下来的，保持清洁无破损为佳，并要摊开，适当晾干，切成长30厘米、宽12厘米的长方块，将甜枣泥放在网油上，卷成长圆条状，再切成3厘米长的段。鸡蛋清打成发蛋，加入干淀粉调成蛋糊，锅置旺火上烧热，舀入熟猪油，烧至六成热时，离火，将网油卷逐一滚上干淀粉，再挂满发蛋糊放入油锅中。然后将锅置在中火上，待网油卷炸至米黄色时捞出，沥去油装入盘中，撒上白糖即成。网油卷上桌时挺立饱满不瘪，外表透出一抹浅浅的亮棕色，这是里面的洗沙透过蛋清糊而透现出来的，外壳脆而薄，脂香扑鼻，绵软适口，甜而不腻。

网油卷又称网膏卷，在江西南丰已是一道历史悠久的名菜，曾获2000年江西省首届美食节最受欢迎菜肴奖，是老少皆喜爱吃的一道菜肴，而网油鱼卷是玉林美食人经过改良而得的一道名菜。

实训指导

实训名称　网油鱼卷

实训时间　4 学时

成品特点　色白肉嫩，味鲜美

主要环节　选料—原料初加工—取鱼肉—刮鱼肉—调味—顺一个方向搅拌至起劲—网油铺开，放鱼蓉，卷成条状—蒸熟—装盘

实训内容

实训准备

主料：鲮鱼

辅料：猪网油、海苔

调料：盐、味精、生粉、胡椒粉

实训流程

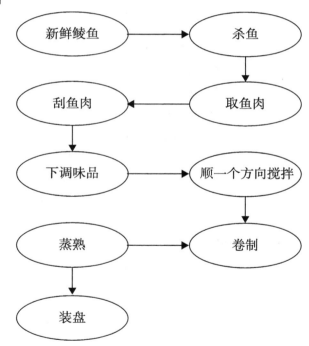

1. 原料

主料：鲮鱼 1 000 克。

辅料：猪网油 500 克、海苔 30 克。

调料：盐 12 克、味精 5 克、生粉 20 克、胡椒粉 1 克。

2. 制作方法

(1)鲮鱼起肉洗涤，用干净湿毛巾盖捂至肉烂，用刀从鱼尾顺刮，把鱼肉刮出放入盆中(刮至红肉为止)，这样肉质细嫩。

(2)在鱼肉中加入盐、味精、胡椒粉顺一个方向搅拌至有黏性时，再加入生粉水搅拌成鱼胶。

(3)猪网油洗净摊平在砧板上，撒上干粉将鱼胶挂在网油上，再将海苔丝散鱼胶中间卷成3厘米直径的网油鱼卷，入蒸笼中火蒸熟(或者放入90℃热水中浸熟)即可(可加果蔬同炒，或蘸酱食用，如兰豆炒鱼卷、白灼鱼卷等)。

3. 成品要求

色白肉嫩，味鲜美。

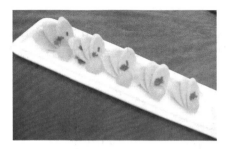

4. 制作关键

（1）搅拌鱼胶时要顺一个方向搅拌，鱼肉才清脆。

（2）熟制鱼卷时水温要控制在 90℃ 左右，水温高容易使鱼肉变老。

兴业塘角鱼蒸鸡

活动导读

　　塘角鱼肉质滑嫩、味鲜美、营养丰富，适合烹调方法有：蒸、炸、汤、焖、煎等，而鸡肉味鲜美、营养丰富，适合烹调方法有：白切、汤、蒸、炸、焖、炒、焗等，两种原料一般作为主料单独烹调的，如果将塘角鱼和鸡肉一起烹调，那么味道会是怎样的呢？

实训指导

实训名称　兴业塘角鱼蒸鸡
实训时间　2 学时
成品特点　鱼香鸡滑，鲜嫩味美
主要环节　原料选择—原料切配—原料腌制—蒸制

实训内容

实训准备

主料：光土鸡、塘角鱼
辅料：葱丝、葱白段、蒜蓉、紫苏、香菜叶
调料：盐、味精、蚝油、生抽、胡椒粉、生粉、白糖、花生油、料酒

实训流程

選料（土鸡、本地塘角鱼） → 宰杀塘角鱼

鸡和塘角鱼砍成件 → 原料洗净

原料洗净 → 原料腌制

原料腌制 → 装盘

装盘 → 蒸制

1. 原料

主料：光土鸡 750 克、塘角鱼 500 克。

辅料：葱丝 50 克、葱白段 50 克、蒜蓉 30 克、紫苏 50 克、香菜叶 30 克。

调料：盐 10 克、味精 5 克、蚝油 30 克、生抽 30 克、胡椒粉 5 克、生粉 30 克、白糖 20 克、花生油 50 克、料酒 30 克。

2. 制作方法

（1）土鸡和塘角鱼砍件并一起洗干净，沥干水分。

（2）将鸡肉和鱼肉放入盆中，放盐、蚝油、生粉、料酒、白糖搅拌均匀，再放入姜丝、葱蒜、紫苏、味精、生粉搅拌均匀，随后加入花生油再搅拌腌制10分钟。

（3）将腌好的肉放入竹篦上，抹平放入笼中，猛火蒸制20分钟至熟，取出香菜点缀即可。

3. 成品要求

鱼香鸡滑，鲜嫩味美。

4. 制作关键

（1）选鸡肉要选嫩的土鸡。

（2）蒸时要用大火。

（3）装盘时要平摊。

（4）蒸时要掌握好时间。

兴 业 鱼 扣

鲮鱼为华南重要的经济鱼类之一。因其肉细嫩、味鲜美、产量大、单产高、价格适中以及质量上乘，在市场上一直经久不衰。家庭食用除一般食法外，还可做鱼丸、鱼糕等，工厂生产的豆豉鲮鱼罐头和冻鲮鱼一样，行销全国各地，缺点是刺多、个体较小，兴业鱼扣是广西兴业当地人根据原料特点对过去做法进行改良，是当地家喻户晓的一道名菜。

实训名称　兴业鱼扣
实训时间　4 学时
成品特点　滑嫩爽脆
主要环节　选料—原料初加工—取肉—绞肉—下调味料—搅拌—装碗—蒸熟—勾芡淋上

实训准备
主料：去皮鲮鱼肉
辅料：鸡蛋
调料：盐、味精、生粉、胡椒粉

实训流程

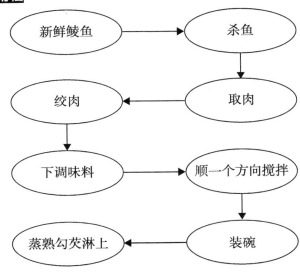

1. 原料

主料：去皮鲮鱼肉 1 000 克。

辅料：鸡蛋 2 个。

调料：盐 35 克、味精 15 克、生粉 50 克、胡椒粉 3 克。

2. 制作方法

(1)鱼肉去掉红肉洗净切薄片，吸干水分放入绞肉机绞成蓉(或用刀剁成蓉)。

（2）将鱼肉放入盆中加盐、味精、胡椒粉顺一个方向搅拌至有黏性时，加入生粉水搅拌成鱼胶，并用力摔打增加弹性。

（3）鸡蛋打散抹在碗底，再放入鱼胶压平碗口放入 90℃ 热水中浸熟，取出即成鱼扣。

（4）食用前加热（或炸上色），切扣肉件勾芡，装盘。

 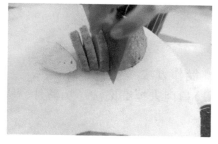

3. 成品要求

滑嫩爽脆。

4. 制作关键

(1)鲮鱼要新鲜，个大的为佳。

(2)鱼蓉要顺一个方向搅拌。

(3)浸水时水温控制在 90℃左右。

凉 亭 鸡

　　关于凉亭鸡有一个美丽的传说，传说光绪年间，北流县第五区大良乡（今改为广西壮族自治区北流市塘岸镇凉亭村）有一座山，因长年有着数以千计的天鹅聚集在一起而得名天鹅岭。村里有数位百岁长寿老人，每天茶余饭后都汇聚在村中的八角凉亭里下棋、共议众事等。有一天，天阴地暗，雷雨交加。中午时分，有两只小天鹅在狂风暴雨的洗礼下，因年幼体弱，无力起飞，留在了天鹅岭的凉亭上。当时几位老者正在凉亭避雨，有一位老人随手把两只小天鹅抱起放在怀里取暖，并带到家中喂以食物。后来，两只可爱的小天鹅就一直伴随着救命恩人，直到老人离去。日复一日，年复一年，小天鹅饱经了人间的烟火，并已逐渐适应了生活环境，为了报答人间的恩赐，产下了一对小天鹅来回报人间。小天鹅，羽毛米白，脚小、胫细、身圆、红冠，面色红润，皮下脂肪少——经历年代的繁衍，形成了今天的凉亭鸡。凉亭鸡传承了小天鹅的优良品质，皮薄肉厚、脂肪少、肌苷酸含量高、体圆、脚小、胫细、体型均匀、活泼可爱、野性十足。凉亭鸡产于岭南，发展至今，也有相当的文化积淀，主要表现在民俗方面：在北流民间，无"鸡"不成筵，家家户户逢年过节，或者办喜办丧，餐桌上都有鸡。因此，家家户户几乎都养鸡，每逢男女谈婚论嫁时，男方上门提亲的聘礼中鸡是必不可少的。凉亭鸡养殖已成为当地致富手段之一。

实训指导

实训名称　凉亭鸡
实训时间　4 学时
成品特点　肉质细嫩，肉味香浓，风味独特
主要环节　鸡洗净—(炒盐)腌制作—蒸 3 分钟—斩件—装盘—原汁淋上

实训内容

实训准备
主料：北流凉亭鸡
辅料：葱蓉、姜蓉
调料：花生油、生盐、盐焗鸡粉、味精、料酒、白糖

实训流程

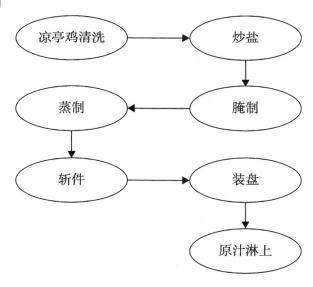

1. 原料
主料：北流凉亭鸡 1 只(约 1 500 克)。
辅料：姜蓉 15 克、葱蓉 15 克。
调料：花生油 250 克、生盐 50 克、盐焗鸡粉 10 克、味精 15 克、料酒 15
克、白糖 5 克。

2. 制作方法

（1）把鸡洗干净备用。

（2）起锅炒生盐，放盐焗鸡粉、味精、糖、料酒拌成汁。

（3）把鸡用捞拌汁搓均匀，腌制 2 小时。

（4）起锅放蒸笼，把鸡放入托盘上，中火蒸 15 分钟至熟。

（5）把鸡取出，斩八大块，砌成鸡形装盘。

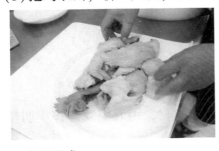

3. 成品要求

肉质细嫩，肉味香浓，风味独特。

4. 制作关键

（1）蒸鸡掌握好火候和时间。

（2）调味要准确、适中。

容县柚皮扣

　　沙田柚，原产于中国广西容县松山镇沙田村，由农夫夏纡笥于明朝末年以接枝法发明，后来广泛种植，成为容县的特产。

　　据史料记载，明朝万历十三年（1585 年）刻本《容州志》记载："柚以容地沙田所产最负盛名，香甜多汁；容地年产 200 万只，运销梧粤港各埠。"

　　清朝乾隆四十二年（1777 年），乾隆皇帝巡游江南，官人夏纪纲把家乡容县沙田村出产的蜜柚献给皇帝，乾隆吃了连声赞好，并召见夏纪纲，询问是何佳果。夏纪纲回答说："叫羊额籽。"皇帝道："此果名字不佳，应另取果名。"一位大臣在旁说："夏官家在沙田，千里迢迢，邮送佳果献给皇上，依臣愚见，邮由同音，又因为此果为乔木所生，用木旁的'柚'，称为'沙田柚'合适。"皇帝听罢，龙颜大悦，随口赞道："沙田柚，沙田柚，好，好！"沙田柚一得到天子的赞赏，便很快繁衍起来，沙田村附近越种越多，那里的土壤特别适宜于沙田柚树的生长，所产柚果有"甜脆无渣"的特点。外县外省纷纷前来引种，因种源来自沙田，又依仗其名声，不愿另起别名，仍然一直沿用沙田柚之名。

实训名称　容县柚皮扣

实训时间　4 学时

成品特点　绵软而不烂，甘腴而不腻，色泽黄红，清鲜不淡

主要环节　切配原料—柚皮焯水漂洗—配料切粒—肉剁烂打起肉胶—搅拌调味成馅出丸子—酿柚皮—焖制—装碗—蒸制—反扣碟中装盘—淋芡

实训内容

实训准备

主料：沙田柚子皮

辅料：水发香菇、鱼肉、瘦肉（猪）、马蹄2只、肥肉（猪）、鸡蛋、姜蓉、葱蓉、蒜蓉

调料：食用油、猪油、味精、白糖、生抽、蚝油、生粉、芝麻油

实训流程

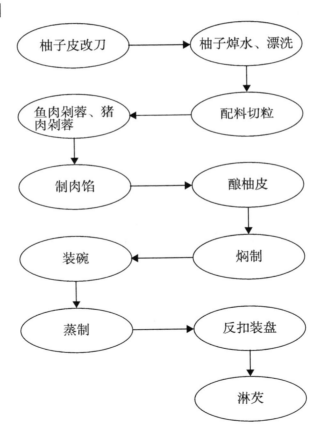

1. 原料

主料：沙田柚子皮 750 克。

辅料：水发香菇 20 克、鱼肉 150 克、瘦肉 150 克、马蹄（荸荠）2 只、肥肉 25 克、鸡蛋 1 个、姜蓉 15 克、葱蓉 15 克、蒜蓉 15 克。

调料：食用油 50 克、猪油 50 克、味精 5 克、白糖 3 克、生抽 10 克、蚝油 5 克、生粉 20 克、芝麻油 5 克。

2. 制作方法

（1）把柚子皮去外皮薄层，先切成船型，焯水，冷水浸泡，清洗两次挤干备用。

（2）香菇、马蹄切粒，把肉剁烂，把原料绞起肉胶，调味，放蛋清搅匀成馅，酿进柚子皮内。

（3）将酿好的柚子皮用猪油调味焖制，扣碗，蒸 10 分钟。

（4）把柚子反扣碟中，蚝油勾芡即可。

3. 成品要求

绵软而不烂，甘腴而不腻，色泽黄红，清鲜不淡。

4. 制作关键

（1）柚子皮焯水后必须清洗多次去苦味。

（2）肉馅制作要先打起肉胶，后放马蹄和香菇搅拌。

（3）酿馅要均匀，焖制时一次性放够水量，调味适中。

霞 烟 鸡

活 动 导 读

霞烟鸡又名"肥种鸡""尹用肥鸡",后来改名为下烟鸡、霞烟鸡,原产于容县石寨乡下烟村,相传已有 100 多年的养殖历史。

霞烟鸡具有很强的地域性,虽然是品种相同,但是外村繁殖的却不如在下烟村养的肥大、味美。

中华人民共和国成立后,有关部门为解开这个谜,曾抽取六蒙冲的水进行化验,认为是六蒙冲的泉水含有使鸡肉肥嫩、骨软的矿物质及其他元素。

20 世纪 70 年代初,容县外贸局在下烟村办鸡场时,把一定要用六蒙冲的水喂鸡,作为鸡场的一条规章制度。由于这名优品种源于下烟村,人们习惯称它为下烟鸡,成为三黄鸡品种的特优品系。

1973 年,容县首次组织一批肥种鸡以容县下烟鸡命名运往我国香港地区试销。在香港汇丰酒楼的白切鸡评比中,下烟鸡荣获第一名,从此声名大振。因港人避忌"下"字,听取港商意见及根据港澳市场的需要,把下烟鸡的"下"字去掉,取其谐音,改名为霞烟鸡。自此,一直沿用此名。

实 训 指 导

实训名称　霞烟鸡
实训时间　2 学时
成品特点　皮脆肉嫩、味鲜美
主要环节　鸡洗净,焯水——姜片、葱、盐调滚水,放鸡——文火浸 30 分钟——

冰水泡——捞起—斩件，摆形—味碟跟上

实 训 内 容

实训准备

主料：霞烟鸡

辅料：姜、葱、沙姜蓉、炸花生、香菜

调料：花生油、生抽、味精、料酒

实训流程

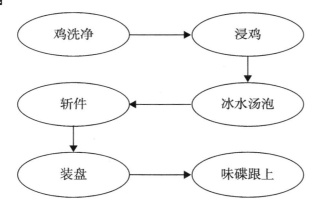

1. 原料

主料：霞烟鸡 1 只(约 1 500 克)。

辅料：姜片 20 克、葱 20 克、姜蓉 5 克、葱蓉 5 克、沙姜蓉 3 克、炸花生 15 克、香菜少许。

调料：花生油 250 克、生抽 10 克、味精 3 克、料酒少许。

2. 制作方法

（1）把光鸡洗干净，焯 3 次水，把内胸血水用开水烫净。

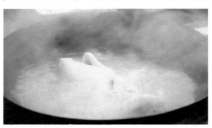

（2）起锅加酒、清水、盐、姜片、葱扎烧开，放鸡，用文火浸泡 30 分钟，取出，过冰镇白开水，滴干水分。

（3）鸡斩 24 件，装盘，摆回鸡形。

（4）制作味碟。起油锅，把葱姜爆香，放入生抽、花生、香菜、调味即可。

3. 成品要求

皮脆肉嫩、味鲜美。

4. 制作关键

（1）浸鸡水温度不宜过高。

（2）掌握好浸鸡的时间。

（3）过冰水，达到皮脆。

学习活动 ⑬

洋 鸭 汤

活动导读

　　洋鸭，体形较家鸭健壮肥大，雄者更大。体形前尖后窄，呈长椭圆形。头大颈短，嘴黄色，基部和眼圈周围生有红色肉瘤；雄者肉瘤延展较阔。白眼球呈浅蓝色。全身羽毛丰满，华丽有光泽，色纯白或纯黑；间有杂彩或白色黑顶者。翼矫健，长达及尾，能飞翔。胸部平坦，宽阔。尾部瘦长，不似家鸭有肥大的臀部；尾羽长，向上微微翘起。腿较家鸭高，腿、脚及蹼均呈黄色。喜生活于水滨，性驯。食量甚大，好食蔬菜、青草及鱼、虾、田螺、蚯蚓等。

　　洋鸭原产于中美和南美。我国已有引入，现南方各省(区)，如浙江、湖南、广东、广西、福建、台湾等地，均有饲养。

实训指导

　　实训名称　　洋鸭汤
　　实训时间　　2 学时
　　成品特点　　口味醇厚浓郁、味道鲜美、营养丰富
　　主要环节　　原料斩件—原料"飞水"—原料煸炒—煲制—调味

实训内容

实训准备

主料：老洋鸭

辅料：黄豆、黑豆、黄芪、枸杞、红枣、罗汉果、姜片、葱结

调料：盐、味精、鸡精、胡椒粉、蜜糖、料酒、食用油

实训流程

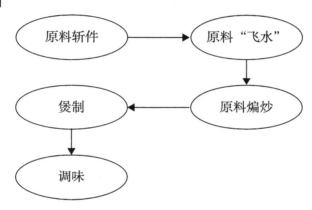

1. 原料

主料：老洋鸭 1 000 克。

辅料：黄豆、黑豆各 50 克，黄芪 50 克，枸杞、红枣、罗汉果各 20 克，姜片、葱结各 50 克。

调料：盐 15 克、味精 5 克、鸡精 5 克、胡椒粉 3 克、蜜糖 5 克、料酒 50 克、食用油 50 克。

2. 制作方法

（1）洋鸭斩件焯水洗净，黄豆和黑豆浸透用沙袋包好。

（2）爆香姜葱加入洋鸭煸炒至水干，烹料酒加盐炒制，加骨汤 3 000 克，放入豆包、黄芪、红枣、枸杞、罗汉果入瓦煲中熬透，加鸡精、味精，胡椒粉、蜜糖等调料调好味，即可出锅食用。

3. 成品要求

口味醇厚浓郁、味道鲜美、营养丰富。

4. 制作关键

（1）洋鸭要选肉质老些的。

（2）煲制时先用大火烧开再用小火煲。

陆川白切猪脚

━━ 活动导读 ━━

陆川白切猪脚是广西陆川县著名特产之一，它选用的是中国八大名猪之一的陆川猪的猪脚。此菜皮爽肉滑，肥糯不腻。其营养丰富，它不仅是常见菜肴，而且还是滋补佳品。据食品营养专家分析，每 100 克猪脚富含蛋白质、脂肪、碳水化合物，还含有维生素 A、B 族维生素、维生素 C 及钙、磷、铁等营养物质，是一种类似熊掌的美味菜肴。

━━ 实训指导 ━━

实训名称　陆川白切猪脚
实训时间　4 学时
成品特点　皮脆肉香、清淡爽口
主要环节　猪脚整只除骨—捆扎—调盐水浸熟—晾干—斩件—爆香油、煎酱油—淋上即成

━━ 实训内容 ━━

实训准备
主料：猪脚
辅料：姜片、葱扎、干葱头、蒜、酸姜丝、炸花生、葱头、卤黄豆
调料：花生油、盐、味精、乌石酱油、料酒、胡椒

实训流程

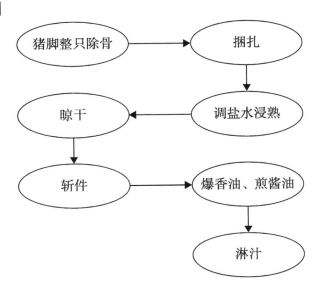

1. 原料

主料：猪脚1只（约2500克）。

辅料：姜片50克、葱扎50克、干葱头50克、蒜50克、酸姜丝50克、炸花生50克、葱头50克、卤黄豆50克。

调料：花生油250克、盐10克、味精10克、乌石酱油50克、料酒15克、胡椒15粒。

2. 制作方法

（1）把猪脚洗净，拆骨，保持原形，用竹签、灯蝇带扎实，焯水捞起。

（2）锅中放约5000克水，炒盐50克，姜葱、味精少许，煮滚。

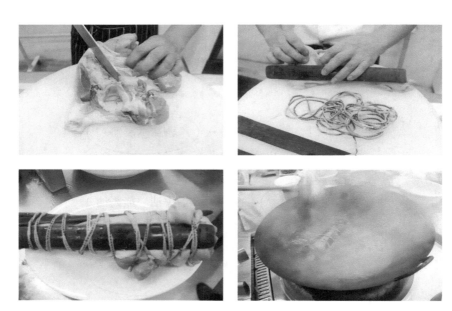

（3）放入猪脚，大火煮开，中火、浸泡到成熟，捞起凉透。

（4）把猪脚开边斩件装盘，配花生，姜丝、葱丝同上。

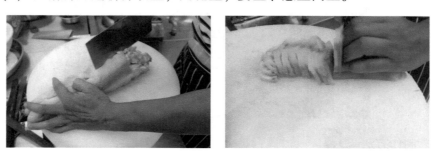

（5）把花生油烧至三四成油温，把辅料炸出香味，去掉葱姜等配料，取出油备用。

（6）锅煎乌石酱油，倒入炸香的葱姜油淋上（跟碟）即成。

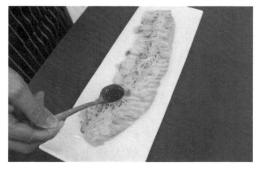

3. 成品要求

皮脆肉香、清淡爽口。

4. 操作关键点

（1）要选用约 2 500 克重的猪前腿。

（2）控制好浸制的时间。

（3）需要炸香油、煎酱油。

学 习 活 动 15

酸黄瓜皮凉拌猪大肠

活 动 导 读

　　猪大肠是猪的内脏器官，是用于输送和消化食物的，有很强的韧性，并不像猪肚那样厚，还有适量的脂肪，猪大肠也叫肥肠，是一种常见的猪内脏副食品。根据猪肠的功能可分为大肠、小肠和肠头，它们的脂肪含量是不同的，小肠最瘦，肠头最肥。

实 训 指 导

实训名称　酸黄瓜皮凉拌猪大肠
实训时间　2 学时
成品特点　口味独特、黄瓜爽脆
主要环节　原料清洗—原料卤制—配菜改刀、炒干水分—大肠改刀拌味—装盘

实 训 内 容

实训准备
　　主料：猪大肠
　　辅料：酸黄瓜皮、八角、桂皮、甘草、草果、小茴香、姜、葱、青红椒、白胡椒粒、黑胡椒粒、香菜
　　调料：盐、胡椒粉、味精、芝麻油、食用油、麻油

实训流程

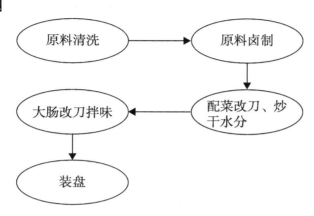

1. 原料

主料：猪大肠800克。

辅料：酸黄瓜皮300克、八角半颗、桂皮2克、甘草2克、草果2克、小茴香1克、白胡椒粒2克、黑胡椒粒2克、姜10克、葱10克、青红椒8克、香菜少许。

调料：盐5克、胡椒粉1克、味精4克、芝麻油8克、食用油20克、麻油少许。

2. 制作方法

（1）先将猪大肠清洗干净。用八角、桂皮等香料煮一锅白卤水备用。

（2）将猪大肠放到白卤水中，卤 40 分钟至能用筷子插过。

（3）将酸黄瓜用水泡洗干净后改刀"飞水"，然后炒干水分，重新调味出锅。

（4）将卤好的猪大肠改刀，加蒜蓉、麻油、青红椒丝、香菜段凉拌好，即可装盘。

3. 成品要求

口味独特、黄瓜爽脆。

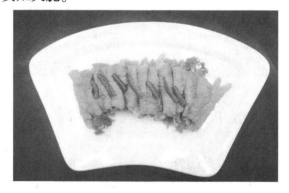

4. 制作关键

（1）大肠一定要清洗干净，不然异味重。

（2）酸黄瓜的盐味不能过重。

黄榄蒸那林鱼

活动导读

《绿珠传》有云：州境有博白江盘龙，洞房山、双角山、大荒山有池，池中鱼有婢妾鱼。绿珠生双角山下，美而艳。据传，绝代美女绿珠即七彩婢妾鱼精幻化而生。到清代，这种珍贵的鱼类不再见记载于任何史料，清朝道光年间的《博白县志》［道光十二年（1832年）重版］记载，上述大山之池中亦见菩萨鱼清游。在博白当地一直有句老话流传下来："博白蕹菜鲜，那林鱼味绝!"那林鱼历史悠久，有300多年养殖历史。

那林鱼是用"那林"地域名称命名的一种本地草鱼，具有肉质结实、鲜嫩、味香、清甜、与众不同的特点，鱼肉可以一片片一层层剥开，片片层层皆质白肉嫩，久煮不碎，口感佳。

实训指导

实训名称　黄榄蒸那林鱼
实训时间　2学时
成品特点　肉质结实、鲜嫩、味香、清甜
主要环节　原料选择—原料初加工—切件—腌制—调汁—蒸制—淋汁

实训内容

实训准备

主料：博白那林鱼

辅料：黄榄、姜、葱

调料：盐、糖、酱油、生抽、胡椒粉、花生油、芝麻油

实训流程

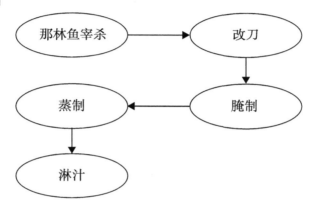

1. 原料

主料：博白那林鱼 1 000 克。

辅料：黄榄 10 克、姜 15 克、葱 20 克。

调料：盐 3 克、糖 3 克、酱油 10 克、生抽 5 克、胡椒粉 1 克、花生油和芝麻油各 30 克。

2. 制作方法

（1）先将那林鱼切成 3 个手指宽的长条。

（2）那林鱼用盐、少量的酱油、姜、葱、胡椒粉腌制好，放置15分钟。

（3）用黄榄制作黄榄酱。将黄榄末加糖、生抽、蚝油、姜末、花生油、芝麻油低温加热，调好味。

（4）将那林鱼摆好，猛火蒸8分钟到刚好熟，将原汁倒去。

（5）淋上黄榄酱，装饰即可。

3. 成品特点

肉质结实、鲜嫩、味香、清甜。

4. 制作关键

（1）黄榄酱的制作要保留黄榄味。

（2）蒸鱼的火候和时间要把握好。

黑榄蒸塘角鱼

活 动 导 读

　　榄角是一种健康食品，源自黑榄的果实。黑榄又叫乌榄，属橄榄科，常绿乔木。树冠宽大，粗生苗壮，树形优美，可作为绿化树种。榄树寿命长，适应性强，宜丘陵山地，路旁河边种植，粗生易管。每年春季开花，挂果为青绿色，到秋天果实成熟为黑色。一株树一般可收榄果几十千克，多的达几百千克，收获期可达百年。成熟的黑榄，富含涩味，生不能吃。榄角的做法五花八门，主要分为两种：干榄角和湿榄角。

实 训 指 导

实训名称　　黑榄蒸塘角鱼
实训时间　　2 学时
成品特点　　口味浓郁、味道鲜美、营养丰富
主要环节　　原料初加工—改刀—原料腌制—蒸制—淋热油

实 训 内 容

实训准备
主料：塘角鱼
辅料：黑榄
调料：盐、生抽、姜葱酒、胡椒粉、食用油、蚝油

实训流程

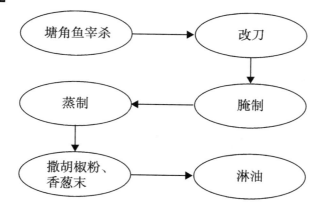

1. 原料

主料：塘角鱼 250 克。

辅料：黑榄 40 克。

调料：盐 3 克、生抽 8 克、姜葱酒 10 克、胡椒粉 1 克、蚝油少许。

2. 制作方法

（1）先将塘角鱼宰杀，改刀好。

（2）用盐、姜葱酒、生抽、胡椒粉腌制 15 分钟塘角鱼。

（3）塘角鱼和黑榄拌好，放在上气的蒸笼猛火蒸 8 分钟。

（4）撒上胡椒粉、葱、淋上热油即可。

3. 成品特点

口味浓郁、味道鲜美、营养丰富。

4. 制作关键

（1）塘角鱼要选本地的原料。

（2）黑榄的盐味不能过重。

香糟炒大肠

活动导读

酿制黄酒剩下的酒糟再经封陈半年以上，即为香糟。香糟香味浓厚，含有8%左右的酒精，有与醇黄酒同样的调味作用。

以香糟为调料糟制的菜肴有其独特的风味。福建闽菜中好多菜肴就以此闻名。上海、杭州、苏州、福建等地的菜肴也多有使用。

香糟可分白糟和红糟两类：白糟为绍兴黄酒的酒糟加工而成；红糟是福建的特产，为了专门生产这种产品，在酿酒时就需加入5%的天然红曲米。香糟能增加菜肴的特色香味，在烹调中应用很广，烧菜、溜菜、爆菜、烩菜等均可使用。山东亦有专门生产的香糟，是用新鲜的墨黍米黄酒酒糟加15%~20%炒熟的麦麸及2%~3%的五香粉制成，香味特异。

实训指导

实训名称　香糟炒大肠

实训时间　2学时

成品特点　糟香清悠、微辣、鲜咸爽口

操作要求　原料清洗—原料切配—腌制—原料焯水—油锅爆香—下大肠酸糟翻滚均匀—勾芡—装盘

实训内容

实训准备

主料：猪大肠头、酸糟辣椒

辅料：蒜蓉、葱段、青红椒

调料：花生油、生抽、蚝油、盐、糖、味精、姜汁酒、胡椒粉、生粉、芝麻油

实训流程

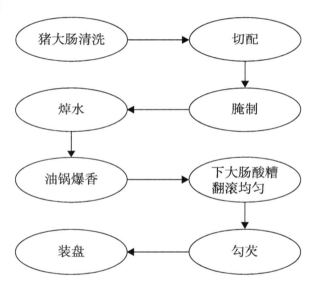

1. 原料

主料：猪大肠头 750 克、酸糟辣椒 250 克。

辅料：蒜蓉 10 克、葱段 10 克、青红椒 10 克。

调料：花生油 250 克、生抽 5 克、蚝油 5 克、盐 2 克、糖 10 克、味精 3 克、姜汁酒 15 克、胡椒粉少许、生粉 10 克、芝麻油 3 克。

2. 制作方法

（1）选厚猪大肠头，用生粉搓洗干净，切件，腌制。

（2）起锅烧滚水，大肠焯水，过冷水。

（3）蒜、葱、姜放入油锅爆香，放入大肠，猛火翻炒，加入调料调味。

（4）炒至快出锅时，投入酸糟辣椒翻炒收汁，勾芡即成。

3. 成品要求

糟香清悠、微辣、鲜咸爽口。

4. 操作关键点

（1）选料要选肥润大肠。

（2）焯水时间不能过长。

（3）酸糟要最后才下锅。

覃塘酿莲藕

━━━━━━━━━ 活 动 导 读 ━━━━━━━━━

　　覃塘莲藕微甜而脆，可生食也可做菜，而且药用价值相当高，它的根叶、花须果实，无不为宝，都可滋补入药。用莲藕制成粉，能消食止泻，开胃清热，滋补养性，预防内出血，是妇孺童妪、体弱多病者上好的流质食品和滋补佳珍，在清朝咸丰年间，就被钦定为御膳贡品了。

━━━━━━━━━ 实 训 指 导 ━━━━━━━━━

实训名称　　覃塘酿莲藕
实训时间　　4 学时
成品特点　　清、香、软、糯、滑
主要环节　　莲藕去皮切两头—酿绿豆、糯米—蒸煲，高压 10 分钟—取出冷干—切厚片—装盘—勾芡淋汁

━━━━━━━━━ 实 训 内 容 ━━━━━━━━━

实训准备
　　主料：覃塘莲藕去衣
　　辅料：猪筒骨、绿豆、浸泡糯米、姜片、葱扎、八角、陈皮
　　调料：食用油、盐、生抽、蚝油、味精、白糖、胡椒粉、生粉、芝麻油

实训流程

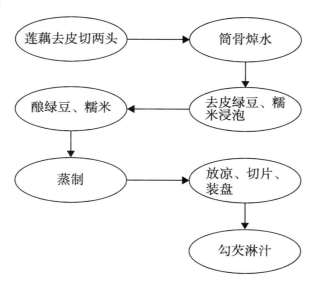

1. 原料

主料：覃塘莲藕 750 克。

辅料：猪筒骨 750 克、去衣绿豆 250 克、浸泡糯米 100 克、姜片 15 克、葱扎 15 克、八角 3 克、陈皮 3 克。

调料：食用油 50 克、盐 5 克、生抽 10 克、蚝油 5 克、味精 10 克、白糖 15 克、胡椒粉少许、生粉 10 克、芝麻油 3 克。

2. 操作方法

（1）把莲藕去皮去蒂，把筒骨焯水冲净，加入姜片、葱扎、八角、陈皮，加水煲开。

（2）去皮绿豆浸泡，糯米浸泡好，滤干水分，酿入莲藕孔中，放入高压锅中上气压 10 分钟。

（3）出锅，莲藕放凉，切成厚片装盘。

（4）原汁加蚝油等调料，生粉水勾茨淋在莲藕上即可。

3. 成品要求

清、香、软、糯、滑。

4. 操作关键

（1）莲藕酿制要孔孔装满，两头竹针穿封好。

（2）筒骨汤调味煲制，时间要控制好。

玉林花生酥肉

　　玉林花生酥肉是广西玉林十大特色小吃之一，选用猪肉、地豆（花生），将猪肉切片，加配料，腌制 5 小时，用淀粉裹满下油锅翻炸，呈金黄色捞起，同样将花生下油锅炸至金黄色即可。成品外酥里嫩，甘香可口，地豆风味独特。

　　实训名称　玉林花生酥肉
　　实训时间　4 学时
　　成品特点　甘香酥脆
　　主要环节　调制料汁—花生炸酥—原料改刀—原料腌制—炸制—装盘

实训准备
　　主料：前头瘦肉
　　辅料：花生米、姜葱、腌柠檬、甘草粉、生粉、黏米粉
　　调料：料酒、白糖、腐乳、盐、五香粉、调和油

实训流程

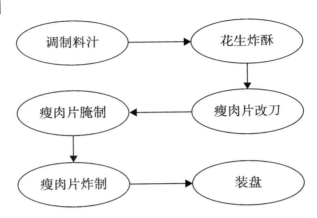

1. 原料

主料：前头瘦肉 500 克。

辅料：花生米 250 克、姜葱各 50 克、腌柠檬 10 克，甘草粉、生粉、黏米粉各适量。

调料：料酒 100 克，白糖 20 克，腐乳 1 块，盐、五香粉适量，调和油 1 500 克（耗油 100 克）。

2. 操作方法

（1）将姜葱拍蓉加入料酒制成姜葱酒汁，去掉余渣，再加腐乳、盐调好味，后放五香粉、甘草粉等辅料和调料拌匀。

（2）花生低油温入锅慢炸至酥，捞出自然凉透，瘦肉片切成厚片剞上十字刀纹，腌制2小时，挂糊拍干粉，待干粉稍回潮即放入六成半热的油锅中炸至金黄酥脆捞出，再复炸一次至酥，捞出沥干余油。

（3）自然晾凉后切件，装在垫有炸花生的盘上即成。

3. 成品在要求

甘香酥脆。

4. 制作关键

（1）拍粉要均匀且要稍静回潮才下锅，这样才不脱浆。

（2）下锅油温控制在六成至六成半，不能过低或过高，否则容易脱浆和炸糊。

（3）炸好出锅后要自然凉透才酥香。

白 切 鹅

鹅是鸟纲雁形目鸭科动物的一种。鸭科动物繁杂，我们常说的大雁、天鹅、鸭、鸳鸯等都是鸭科动物。这些动物中的一些被人类驯化成家禽，如绿头鸭驯化成了家鸭，鸿雁驯化成了中国家鹅，灰雁驯化成了欧洲家鹅，疣鼻栖鸭驯化成了番鸭。

这些成员外形和习性各异：有些食植物，有些则食鱼；有些只能漂浮在水面上，有些则擅长潜水；有些是飞行能力最强的鸟类之一，有些则不善于飞行。有几种天鹅如疣鼻天鹅和大天鹅是体形最大的游禽，也是体形最大的飞禽之一。疣鼻天鹅也是最优雅的鸟类，常见于欧洲的公园中，但是中国不太常见。骆宾王曾作诗《咏鹅》："鹅，鹅，鹅，曲项向天歌，白毛浮绿水，红掌拨清波。"值得一提的是，这是骆宾王年少时候所作，足以见其才气。

家鹅的祖先是雁，在 3 000～4 000 年前人类已经驯养。现在世界各地均有饲养。鹅头大，喙扁阔，前额有肉瘤。脖子很长，身体宽壮，龙骨长，胸部丰满，尾短，脚大有蹼。食青草，耐寒，合群性及抗病力强。生长快，寿命较其他家禽长。体重 4～15 千克。孵化期一个月。栖息于池塘等水域附近。善于游泳。主要品种有狮头鹅、太湖鹅等。

实训名称　白切鹅
实训时间　4 学时

成品特点　皮滑肉爽、味道鲜美、营养丰富

主要环节　原料清洗备用—熬制料汁浸熟—泡冷开水—斩件—调味淋油

实训内容

实训准备

主料：光鹅

辅料：姜丝、葱白丝、姜片、葱结、香菜、蒜末、香料(八角、陈皮)

调料：生抽、味精、花生油

实训流程

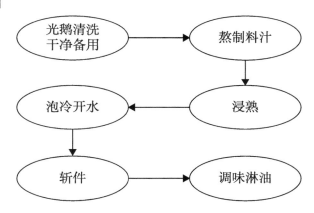

1. 原料

主料：光鹅 1 只约 3 000 克。

辅料：姜丝 50 克、葱白丝 30 克、姜片 4 片、葱结 50 克、香菜 20 克、蒜末 50 克、香料(八角、陈皮) 少许。

调料：生抽 150 克、味精 10 克、花生油 200 克。

2. 操作方法

（1）将光鹅洗净放入有香料（八角、陈皮）的开水中，轻提三次，用小火浸熟（水不能烧开，保持水温90~98℃），中途要翻身一次，熟后捞出放入冷水过凉，取出自然凉待用。

（2）将鹅斩件摆整齐于盘中，把姜丝、葱白段、蒜末撒在鹅肉上，淋上生抽、花生油，撒上香菜点缀。

3. 成品要求

皮滑肉爽、味道鲜美、营养丰富。

4. 制作关键

（1）浸鹅时水不能烧开，保持在 90~98℃，慢慢浸熟。

（2）浸熟后捞出一定要过冷水（冰水更佳），自然凉透才能斩件，否则，皮烂不滑。

香煎北流鸭塘鱼

活动导读

北流鱼，实指鸭塘鱼。据新版《北流县志》介绍，鸭塘位于今北流市北流镇凉水井村，塘面 50 亩（1 亩 ≈ 667 米²），似鸭形，故名。塘有泉数口，有沙有石，塘水清澈，冬暖夏凉，鸭塘鱼的外形特点是鱼尾皆缺去一角，该塘放养鲫、鲮、鲤、草等鱼，均为软骨（所产鲮鱼特优，骨软味香，不用油烹也无腥味，连骨都可以吃完）。主要是由于该池塘附近有数股清泉注入塘内，常年不竭。泉水中含有多种有益于鱼类生长的特殊矿物质和微量元素。有部分元素对鱼骨有特殊的软化作用。养出的鱼，品后唇齿留香，回味无穷，史载明清已成为进贡皇上的贡品。鸭塘鱼王，作为地方特产，中华人民共和国成立以来曾经招待过 20 多个国家旅游团体，以及党中央领导人和各层次的官员，知名人士，很多侨属出国探亲、访友，都把鸭塘鱼带给远方的亲人。现在，根据群众的要求，鸭塘鱼已包装成礼品，是探亲、访友最佳礼品，是北流形象的极品鱼。鸭塘有着自然优越的地理环境，鱼在鸭塘养殖需要 8 个月以上，有好的饲料来源，鱼吃的饲料同人吃的水果基本相同，饲料有菠萝、杧果、木瓜、番石榴、西番莲、青豆、甘蔗叶、青草，它是一种水上无污染、无腥味、营养丰富、环保型绿色食品。

实训指导

实训名称　香煎北流鸭塘鱼
实训时间　2 学时

成品特点　酥香微辣、营养丰富

主要环节　选料—原料洗净—原料腌制—拍粉—煎制—装盘

实训内容

实训准备

主料：北流鸭塘鱼

辅料：姜葱、香菜、圣女果、黏米粉

调料：盐、料酒、味椒盐、调和油、十三香

实训流程

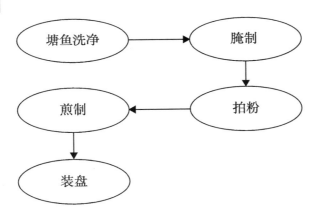

1. 原料

主料：北流鸭塘鱼 500 克。

辅料：姜葱各 30 克、香菜 30 克、圣女果 2 只、黏米粉 250 克。

调料：盐 6 克、料酒 50 克、味椒盐 5 克、调和油 150 克、十三香 5 克。

2. 操作方法

（1）鸭塘鱼洗净加盐、姜葱酒汁、十三香拌匀，腌制 20 分钟。

（2）将腌好的鱼拍上黏米粉，半煎半炸至金黄酥香出锅，沥干余油。

（3）加入味椒盐，拌匀装盘，加入香菜、圣女果点缀。

3. 成品要求

酥香微辣、营养丰富。

4. 制作关键

（1）腌制时间要够，拍粉不能太厚，否则，会影响鱼的美观及口感。

（2）放味椒盐时锅头要烧热，但不能放油否则鱼就不够酥香。

白灼博白蕹菜

　　博白蕹菜不管是烫熟还是炒熟，起锅之后仍然保持翠绿色，从早放到晚也不会变色，即使是隔夜，还依然新鲜如初。它的茎长叶疏、叶尾尖细、鲜绿脆嫩，把茎蔓折断成段，其断口即裂开卷缩，状似喇叭，并且其味道异常清香爽口，百吃不厌。博白蕹菜汤清淡可口，被誉为"青龙过海"，古代壮族诗人在品尝博白蕹菜后，曾留下"席间一试青龙味，半夜醒来嘴犹香"的诗句。而如今博白蕹菜扬名海内外，登上了大雅之堂。

实训指导

实训名称　白灼博白蕹菜
实训时间　2 学时
成品特点　鲜绿脆嫩、清香爽口
主要环节　爆香蒜米—调制料汁—烫熟—装盘—调汁淋上

实训内容

实训准备
主料：博白蕹菜
辅料：辣椒、蒜米
调料：生抽、植物油、味精、蚝油、盐

实训流程

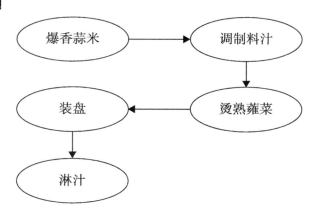

1. 原料

主料：博白蕹菜 500 克。

辅料：辣椒 4 克、蒜米 8 克。

调料：生抽 50 克、植物油 30 克、味精 3 克、蚝油 200 克、盐 2 克。

2. 操作方法

（1）炒锅烧热，爆香蒜米，加入调料拌匀待用。

（2）锅中烧水，加入适量的盐和油。水烧开后放入蕹菜，滚沸 2 分钟捞起用凉开水过滤，保持菜品绿色。

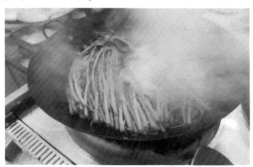

（3）摆盘淋上事先调配的味汁即可。

3. 成品要求

翠绿滑嫩，清淡爽口。

4. 制作关键

（1）原料必须是新鲜的。

（2）烫时要控制好时间。

（3）调味以清淡为主。

酿田螺海鲜煲

活动导读

田螺泛指田螺科的软体动物,属于软体动物门腹足纲前鳃亚纲田螺科。田螺在中国大部地区均有分布。田螺对水体水质要求较高,产量少。可在夏、秋季节捕取。淡水中常见有中国圆田螺等。田螺雌雄异体。区别田螺雌、雄的方法主要是依据其右触角形态。雄田螺的右触角向右内弯曲(弯曲部分即雄性生殖器),此外,雌螺个体大而圆,雄螺个体小而长。田螺是一种卵胎生动物,其生殖方式独特,田螺的胚胎发育和仔螺发育均在母体内完成。从受精卵到仔螺的产生,大约需要在母体内孕育一年时间。田螺为分批产卵,每年3—4月开始繁殖,在产出仔螺的同时,雌、雄亲螺交配受精,同时又在母体内孕育翌年要生产的仔螺。一只母螺全年产出100~150只仔螺。

实训指导

实训名称 酿田螺海鲜煲
实训时间 4学时
成品特点 风味独特、味道鲜美、营养丰富
主要环节 原料清洗干净—翻炒—田螺焖煮入味—调馅—酿制—煲制—装盘

实训内容

实训准备

主料：田螺

辅料：半肥瘦猪肉、马蹄、大头菜、姜、葱、紫苏、辣椒、大料、花蟹

调料：盐、味精、糖、料酒、食用油、蚝油、生抽

实训流程

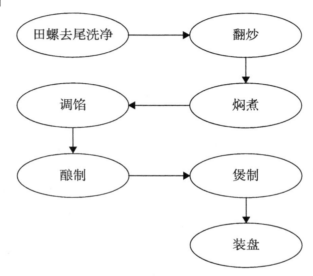

1. 原料

主料：田螺 500 克。

辅料：半肥瘦猪肉 150 克，马蹄 50 克，大头菜 50 克，姜 50 克，葱 20 克，紫苏、辣椒、大料适量，花蟹 2 只。

调料：料酒 10 克、盐 3 克、生抽 8 克、蚝油 5 克、糖 3 克、味精 3 克、食用油适量。

2. 操作方法

（1）买回田螺放养 2 天，泥垢吐尽后，用钳子把尾部剪去，洗刷干净。

（2）锅烧热加入油，爆香姜葱，放入田螺、料酒、紫苏、大料、盐、生抽、蚝油、糖、味精翻炒，加水焖烧至入味熟透，起锅待用。

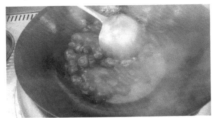

（3）将半肥瘦猪肉、马蹄、葱、姜、大头菜剁蓉，一起置于容器中，加入盐、生抽、蚝油、味精、酒、糖拌匀成馅，放置一旁待用。

（4）田螺晾凉后去除田螺肉，将准备好的馅料酿入田螺壳中，塞满即可。

（5）取一个瓦煲，将酿好的田螺和花蟹放入，倒入原汁，文火焖 10 分钟，大火收汁即可。

3. 成品要求

风味独特、味道鲜美、营养丰富。

4. 操作关键

（1）田螺要选个大一些的。

（2）肉馅要打起劲。

（3）焖田螺的火候要掌握好。

玉 林 酥 肉

活动导读

五花肉又称肋条肉、三层肉，位于猪的腹部，猪腹部脂肪组织很多，其中又夹带着肌肉组织，肥瘦间隔，故称"五花肉"。这部分的瘦肉也最嫩且最多汁。

五花肉一直是一些代表性中菜的最佳主角，如济南把子肉、梅菜扣肉、南乳扣肉、东坡肉、回锅肉、卤肉饭、瓜仔肉、粉蒸肉等。它的肥肉遇热容易化，瘦肉久煮也不柴。

实训指导

实训名称　玉林酥肉
实训时间　4学时
成品特点　甘香酥脆，色泽金黄
主要环节　猪肉改刀—原料腌制—调浆—裹浆—炸制—装盘

实训内容

实训准备
主料：半肥瘦猪肉、鸡蛋
辅料：甘草粉、五香粉、十三香、生粉、黏米粉、澄面
调料：盐、味精、糖、姜汁酒、食用油、南乳

实训流程

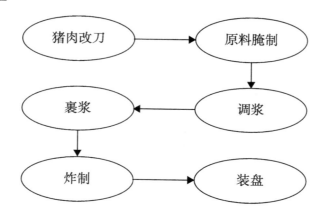

1. 原料

主料：半肥瘦猪肉 500 克，鸡蛋 10 只。

辅料：甘草粉 2 克、五香粉 2 克、十三香 1 克、生粉适量、黏米粉适量、澄面适量。

调料：糖 4 克、姜汁酒 8 克、南乳 3 克、食用油 1 500 克、味精 3 克、盐适量。

2. 操作方法

（1）将五花肉改刀，切成稍厚一些的肉片。

（2）调浆。加入糖、姜汁酒、南乳、盐、味精腌制，后放五香粉、甘草粉拌匀。

（3）加入鸡蛋，拌匀后上浆拍粉。

（4）原料下油锅炸金黄色，捞出即可。

3. 成品要求

甘香酥脆，色泽金黄。

4. 操作关键

（1）腌制必须下料准确。

（2）炸时必须控制好火候。

（3）控制油炸的时间。

玉 林 牛 巴

活动导读

　　玉林是中国南方重镇（古城），位于广西东南边陲。传说南宋开庆年间，一个姓邝的盐贩子，在运盐途中牛累死了。他舍不得将牛丢弃，便把宰好的牛肉腌起来，晒成牛肉干。回家以后，他把咸牛肉放到大锅里煮。又辅以八角、桂皮等佐料焖烧。牛肉出锅后异香扑鼻，满室清香，左邻右舍闻香而齐至。主人便热情地请乡邻共同品尝，席间众人无不称道肉香味美。后来人们把按此方法制作的牛肉叫作牛巴。因为牛巴的味道香美，牛巴逐渐成了一种人见人爱的风味美食，也成为玉林传统风味名吃。

实训指导

实训名称　玉林牛巴
实训时间　4 学时
成品特点　香味浓郁，咸甜适口，鲜美爽口，韧而不坚
主要环节　煲制料汁—切片—焯水—浸炸—焖烧—翻炒—装盘

实训内容

实训准备
主料：净黄牛肉
辅料：五香粉、甘草粉、沙姜、甘松粉、柠檬蓉、葱蓉、蒜蓉、姜蓉、

甘松、川椒、甘果、甘草、八角、桂皮、川芎、归参、丁香

调料：精盐、生抽、白醋、姜汁酒、生粉、蚝油、黄糖

实训流程

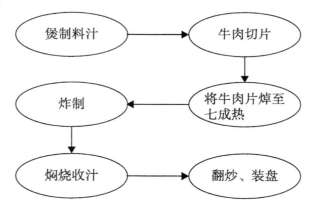

1. 原料

主料：净黄牛肉 5 000 克。

辅料：五香粉、甘草粉、沙姜、甘松粉各 5 克，柠檬蓉、葱蓉、蒜蓉、姜蓉各 5 克，甘松、川椒、甘果、甘草、八角、桂皮、川芎、归身、丁香各 5 克。

调料：精盐 100 克、生抽 250 克、白醋 100 克、姜汁酒 250 克、生粉 2 500克、蚝油 750 克、黄糖 400 克。

2. 操作方法

（1）将以上中药材（甘松、川椒、甘果、甘草、八角、川芎、归参、桂皮、丁香）加水 5 000 克，煲成 2 000 克浓汁。

（2）牛肉切成薄片，焯水至七成熟，捞出晾凉。

（3）油温五成热时，牛肉入锅浸炸成紫红色。

（4）用剩余辅料、调料和浓汁闷烧30分钟收汁下油翻炒去水分。

 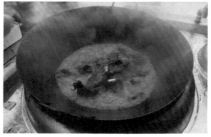

（5）用剪刀将牛肉剪成条状，装盘，可加入圣女果、香菜点缀。

3. 成品要求

香味浓郁，咸甜适口，鲜美爽口，韧而不坚。

4. 操作关键

（1）各种用料的比例要恰当。

（2）炒时火力不要过大，浓汁拌炒时宜中小火。

玉林白切洋鸭

活动导读

洋鸭体形较家鸭更健壮肥大，雄鸭更大。体形前尖后窄，呈长且近似椭圆形。头大颈短，嘴黄色，基部和眼圈周围生有红色肉瘤；雄鸭肉瘤延展较阔。白眼球呈浅蓝色。全身羽毛丰满，华丽有光泽，色纯白或纯黑；间有杂彩或白色黑顶者。

实训指导

实训名称　玉林白切洋鸭
实训时间　2 学时
成品特点　皮脆肉香、味鲜美
主要环节　处理配料—焯水—调料汤浸泡成熟—过温水—斩件—淋上

实训内容

实训准备

主料：嫩洋鸭

辅料：红枣、姜丝、香菇、陈皮、八角、干葱头、生姜头、山黄皮、甘草、柠檬、香菜、黄豆、沙姜

调料：生抽、南乳、糖、味精、花生油

实训流程

```
处理配料 ──────→ 光鸭焯水
                      │
                      ↓
过温水 ←────── 调料汤浸泡成熟
  │
  ↓
斩件 ──────→ 淋汁
```

1. 原料

主料：嫩洋鸭 1 只(1 500 克)。

辅料：红枣 3 克、姜丝 100 克、香菇 15 克、陈皮 5 克、八角 5 克、干葱头 10 克、生姜头 15 克、山黄皮 3 克、甘草 2 克、柠檬 2 克、香菜 10 克、黄豆 50 克、沙姜 5 克。

调料：生抽 5 克、南乳 3 克、糖 50 克、味精 3 克、花生油 25 克。

2. 制作方法

(1) 把辅料分别切成中丝，加上调料，配制成酱汁备用，黄豆用水、盐、味精、陈皮、八角煲烩备用。

（2）把光鸭洗净，焯水，放入水锅中（调味料）加温95℃左右，浸泡20分钟，至熟捞出，过温开水冲洗干净即可。

（3）把鸭肉斩件，加入香菜点缀，淋上蘸料即可。

3. 成品要求

皮脆肉香、味鲜美。

特点：味道清香，甘甜，爽口，软滑。

4. 操作关键

（1）浸洋鸭水温要掌握好，控制在95℃左右。

（2）洋鸭不能太老，太老肉质会柴。

生 焖 洋 鸭

活动导读

洋鸭，翼矫健，长达及尾，能飞翔。胸部平坦，宽阔。尾部瘦长，不似家鸭有肥大的臀部；尾羽长，向上微微翘起。腿较家鸭高，腿、脚及蹼均呈黄色。喜生活于水滨，性驯。食量甚大，好食蔬菜、青草及鱼、虾、田螺、蚯蚓等。

实训指导

实训名称　生焖洋鸭
实训时间　2 学时
成品特点　口味醇厚浓郁、味道鲜美
主要环节　原料焯水—斩件—原料"飞水"—煸炒干水分—焖制—装盘

实训内容

实训准备
主料：老洋鸭
辅料：八角、香叶、陈皮、红枣、香菇、山黄皮、姜片、五香粉、甘草粉、沙姜粉
调料：盐、酱油、蚝油、白糖、花生油、南乳、姜汁酒

实训流程

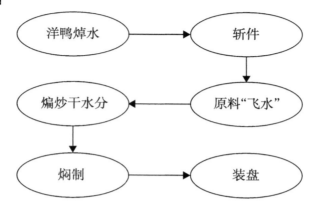

1. 原料

主料：老洋鸭 1 500 克。

辅料：八角 3 克，香叶 2 克，陈皮 3 克，红枣 5 克，香菇 5 克，山黄皮 2 克，姜片 5 克，五香粉、甘草粉、沙姜粉少许。

调料：盐 10 克、酱油 3 克、蚝油 10 克、白糖 15 克、花生油 100 克、南乳 2 只、姜汁酒 250 克。

2. 制作方法

（1）把洋鸭洗净、斩件、焯水，晾干水分备用。

（2）锅下油，加热后放入辅料炒香，下主料、调料煸炒，加水少许焖制（或入高压锅煲）10分钟起锅收汁即成。

3. 成品要求

口味醇厚浓郁、味道鲜美。

4. 操作关键

（1）必须突出蚝油、姜汁酒、糖味。

（2）掌握起锅打蚝油芡。

（3）原料以老洋鸭较好。

任务二　桂东南小吃、名点

牛　腩　粉

活动导读

　　牛腩是指带有筋、肉、油花的肉块，即牛腹部及靠近牛肋处的松软肌肉，是一种统称。若依部位来分，牛身上许多地方的肉都可以叫作牛腩。国外进口的是切成条状的牛肋条为主，取自肋骨间的去骨条状肉，瘦肉较多，脂肪较少，筋也较少，适合红烧或炖汤。另外，在里脊肉上层有一片筋少、油少、肉多，但形状不大规则的里脊边，也可以称作牛腩，是上等的红烧部位。牛腱可以算是牛腩的一种，筋肉多、油少，甚至全是瘦肉，一般用来卤，不适合炖汤，更不适合红烧。

　　玉林牛腩粉是著名的传统风味食品。因以调制好的熟牛腩为佐料而得名。起于民间，中华人民共和国成立前就已出名，至今已遍及两广。

实训指导

实训名称　牛腩粉
实训时间　4 学时
成品特点　口味鲜美、浓郁，口感软烂、爽脆

主要环节 清洗原料—原料"焯水"—焖制—熬底汤—烫粉—放底汤、牛腩、牛肉丸,撒葱花

实训内容

实训准备

主料:干米粉

辅料:牛腩、牛肉丸、牛骨、姜、葱、蒜、八角、陈皮、小茴香、甘松、甘草、草果、丁香、沙姜、桂皮、豆蔻、川椒、胡椒

调料:花生油、腐乳、酒、盐、糖、味精、黄糖

实训流程

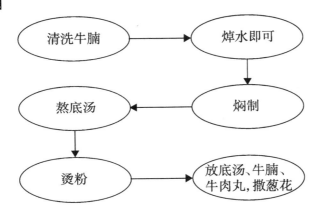

1. 原料

主料:干米粉 100 克。

辅料:牛腩 25 克,牛肉丸 8 克,牛骨、姜、葱、蒜、八角、陈皮、小茴香、甘松、甘草、草果、丁香、沙姜、桂皮、豆蔻、川椒、胡椒各适量。

调料:花生油、腐乳、酒、盐、糖、味精、黄糖各适量。

2. 制作方法

（1）把牛腩置于淘米水中漂洗 30 分钟，将牛腩置于锅中，煮 30 分钟，捞出晾凉，切成小块。

（2）将锅中加适量的水，投入全部的调料和牛腩，熬 2~3 小时，至牛腩软烂即可。

（3）另用锅加入牛骨、姜、葱、酒等辅料，熬制 2 小时，作为汤底。

（4）锅中烧水至沸后投入干米粉煮，边煮边搅动，煮到粉条轻拉即断时，捞起过冷水，晾干后放少许花生油拌匀待用。

（5）使用时只需将米粉牛肉丸烫熟，倒入碗中加入牛腩、热牛骨汤，撒上葱花即可。

3. 成品要求

口味鲜美、浓郁，口感软烂、爽脆。

4. 操作关键

（1）牛腩要焯水洗干净。

（2）牛腩焖至软烂。

（3）各种香料种类及比例要合理。

玉林生料粉

活动导读

　　玉林风味的美食之一生料粉。小锅中放入熬好的骨头汤烧开，一般都是小锅独灶烹煮，最经典的莫过于用铁制的水瓢锅烹煮了。既然是生料粉当然少不了新鲜的生料（有瘦猪肉、猪肝、猪肠、牛肉、牛百叶、牛肠、鱼片等），放入事先腌制好的生料，快速调味后放入粉（粉是特制的，较河粉厚，却不如河粉宽，此粉采用鲜做，手工切制，可以经久煮而不易软烂），煮熟了生料后，粉也可以了，放入碎葱和熟油，然后起锅倒入碗中即可食用。生料粉可以选择自己喜欢吃的料，如加牛肉跟鱼片。

　　生料粉讲究的就是味美汤鲜，所以生料必须选用当天新鲜的生料，粉吸收了生料和骨头汤煮出来的汤水，软而不烂，根根入味，一碗好生料粉大抵如此，如喜欢重口味一点，吃的时候可以配上一碟酱汁（柠果、白糖、花生油少许，加入生抽）蘸着吃生料，还可以加入店家腌制的酸萝卜。

　　生料粉的煮法大同小异，但是每一家店煮出来的生料粉又各具特色。

实训指导

实训名称　玉林生料粉

实训时间　2 学时

成品特点　味美汤鲜，肉鲜嫩、粉爽滑

主要环节　筒骨飞水—熬制—切好生料—腌制—煮粉、生料—点油、撒葱花

实训内容

实训准备

主料：簸箕粉

辅料：瘦肉、粉肠、猪肝、猪腘、猪腰、猪筒骨、草鱼肉、姜、葱

调料：盐、酒、味精、生抽、花生油

实训流程

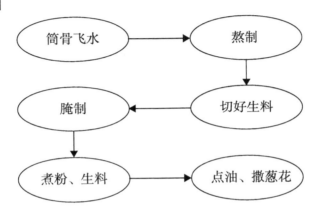

1. 原料

主料：簸箕粉 500 克。

辅料：瘦肉、粉肠、猪肝、猪腘、猪腰各 10 克，猪筒骨一副，草鱼肉 10 克，姜 2 克，葱 2 克。

调料：盐 2 克、酒 3 克、味精 2 克、生抽 25 克、花生油 20 克。

2. 制作方法

（1）先把猪筒骨飞水入锅中，加水熬煮2个小时备用。

（2）生料切好放盐、生抽、酒、花生油。

（3）锅中放骨头汤，烧开，下粉煮一下，放入生料，小火煮熟调好味，煮开后加少许花生油，装碗撒上葱花即可。

3. 成品要求

味美汤鲜，肉鲜嫩、粉爽滑。

4. 制作关键

（1）底汤的熬制方法（火候的运用、时间的掌握及原料比例）。

（2）各种原料要新鲜。

鸡肉炒米粉

活动导读

广西十大特色米粉，分别为桂林米粉、柳州螺蛳粉、南宁老友粉、南宁生榨米粉、玉林牛巴粉、全州红油米粉、梧州牛腩粉、北海海鲜粉、钦州猪脚粉、玉林生料粉等。虽然鸡肉炒米粉不上榜，但鸡肉炒米粉因在选料方面讲究、味道独特，获得食客的一致好评。

实训指导

实训名称　鸡肉炒米粉
实训时间　2 学时
成品特点　可菜可饭，味香浓郁
主要环节　选料斩件—原料腌制—焖制—鸡肉与米粉同炒—装盘

实训内容

实训准备
主料：干米粉
辅料：嫩土鸡、芹菜、香菇、红枣、姜、蒜米、葱
调料：油、生抽、南乳、盐、酒、味精、糖

实训流程

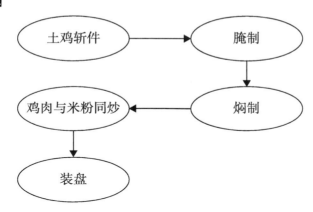

1. 原料

主料：干米粉 500 克。

辅料：嫩土鸡 750 克、芹菜 150 克、香菇 5 克、红枣 5 克、姜 8 克、蒜米 8 克、葱 50 克。

调料：油 40 克、生抽 15 克、南乳 8 克、盐 5 克、酒 10 克、味精 4 克、糖 3 克。

2. 制作方法

（1）鸡斩件，腌制好。

（2）上热锅下油，将芹菜等辅料炒香，投入鸡肉翻炒，加入盐、生抽、糖、味精、酒少许，加入少量水焖煮熟透后备用。

（3）米粉用热水浸泡，至用指甲能切断为好，沥干后调生抽，南乳拌匀，再加入油拌匀，防止粘连。

（4）烧热锅，将米粉翻炒至熟透，装盘，倒入鸡肉，撒上葱花即可。

3. 成品要求

可菜可饭，香味浓郁。

4. 操作关键

（1）鸡选用本地的土鸡。

（2）鸡肉以刚刚熟为好。

（3）炒时控制好火候。

白　散

活动导读

白散是玉林的传统年货食品，是老一辈人留下来的传统风俗，是过年必备的，也是过年才有的美食。玉林人对和谐吉祥的中国传统和观念根深蒂固，圆圆的白散象征着合家团圆、幸福。鼓起的吉祥字样，是恭祝大家在新的一年里福多，禄多，寿多，喜、乐多等。

实训指导

实训名称　白散
实训时间　4学时
成品特点　白中带黄，甘香酥脆
主要环节　原料处理—蒸饭—制坯—晒坯—过糖水—油炸

实训内容

实训准备
主料：糯米
调料：黄糖片

实训流程

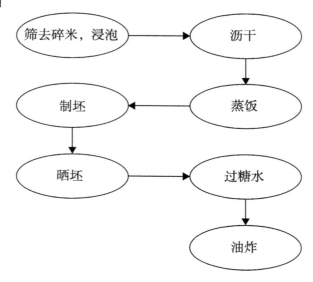

1. 原料

主料：糯米 500 克。

调料：黄糖片 60 克。

2. 制作方法

（1）选择纯净的糯米（颗粒圆满、黏性好、洁白为佳），筛去碎米，放入容器中浸泡一夜，捞起沥去水分晾干。

（2）蒸饭，把糯米放到木桶中，用猛火蒸熟，要掌握好糯米的熟度（过熟则结板难透气，打胚时难脱模。油炸时不松化，食用时口感硬，熟度不够时则黏性差，制胚时易散不成型）。

（3）制胚，用印有字的木模选好字号，趁着饭热，快速地填入模中摊平，略压，打在晒簸箕上（如饭热度不够，黏性差，炸时易碎）。

（4）晒胚，打好后移至架子上晾晒，需勤翻，两面都要晒，以干爽为好。

（5）过糖水，把干爽的白散平放在已经煮好的黄糖水中（黄糖水的浓度根据所需要的口感而定），拖过糖水的散胚，要再晒晾干。

（6）油炸，油炸之前最好将白散再热晒一下，去除水汽，炸的时候有字面朝下，用长筷子拨动白散，漂浮起来时，再把它翻转，压沉，炸至所需的颜色即可，捞起沥干油，密封保存。

3. 成品要求

白中带黄，甘香酥脆。

4. 操作关键

（1）糯米选择颗粒圆满、黏性好、洁白为佳。

（2）蒸饭时掌握好火候和成熟度。

（3）制坯时要趁热操作。

（4）晒时以干爽为好。

（5）黄糖水根据当地的口味进行调制。

（6）炸后的白散要密封保存。

炒 米 糖

━━━━━ 活 动 导 读 ━━━━━

　　炒米糖的做法历史悠久,在制作过程中也能感受到这些特色美食的魅力。20世纪70—80年代,按照传统工艺制作的炒米糖逐年减少。因为这种制作工艺复杂,现今有一种爆米机能把传统炒米糖的浸米、笼蒸、臼扁米、爆米花的工艺并为一次,爆出米花体积大,黏米可代替糯米,但没有传统炒米糖那种干香酥脆的独特风味。20世纪80年代后,随着商品经济的发展,每年春节前,玉林市食品商业单位和一些个体工商业户都仿照传统工艺,制作大批白散、炒米糖投放市场。城中居民多从市场选购。但农村的家庭多数仍自己手工制作。

━━━━━ 实 训 指 导 ━━━━━

实训名称　炒米糖
实训时间　4学时
成品特点　黄中带亮,状如蜂蛹,软硬适中,香甜酥脆
主要环节　原料处理—浸泡—沥干—拌花生油—炒米—熬糖油—成型

━━━━━ 实 训 内 容 ━━━━━

实训准备
主料:糯米

辅料：芝麻、米糠、姜
调料：糖、花生油

实训流程

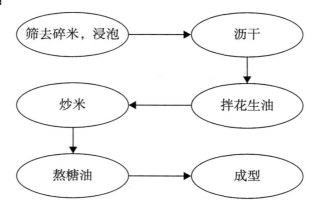

1. 原料

主料：糯米 500 克。

辅料：芝麻、米糖、姜适量。

调料：糖 60 克、花生油 50 克。

2. 制作方法

（1）选用粒大、黏性好、无杂质的糯米，筛去碎米，用清水浸泡一夜。

（2）炒米，先把准备好的花生油倒入锅中，炸至金黄。

（3）熬糖油，用黄糖或白糖都可以，按照米花的重量投放适量的糖，以慢火熬煮至浓稠。待糖油冒出白泡，用筷子能粘起即可（糖油入冷水中形成球状为最佳）。

（4）成型，以最快的速度，把米花、辅料与糖油搅拌均匀，用面棍压平，待米花凝固后切成小块即可。

3. 成品要求

黄中带亮，状如蜂蛹，软硬适中，香甜酥脆。

4. 操作关键

（1）选择优质的糯米。

（2）炒制火候要用大火。

（3）熬糖油要用小火。

兴业蒲塘卷馅粉

活 动 导 读

　　卷粉制作过程传统、久远。卷粉首先精心筛选上好大米，加上巧家龙潭水磨成适宜的米浆，然后舀在盘片里擀成薄薄的一层，掌握火候蒸透，置凉，然后提取薄如面纱的卷粉成品。卷粉制作好后，还有一道最重要的工序，便是配制佐料：稠而不腻的芝麻油、花生油、核桃油，刺激的巧家花椒油、小米辣油、姜末、葱花、蒜泥，再加上酱油、醋、盐、味精、泡菜、香菜，色、香、味俱全。

　　在卷粉摊上，绵薄精细的卷粉可以被随意提起打理平整后，再将佐料均匀地抹在上面，卷成卷，然后细细品尝，或是一阵狼吞虎咽。

实 训 指 导

实训名称　兴业蒲塘卷馅粉
实训时间　4 学时
成品特点　味鲜美、口味丰富、软滑
主要环节　原料处理—磨浆—蒸熟—晾凉—制馅—卷馅—切段装盘

实 训 内 容

实训准备
主料：纯白黏米

辅料：叉烧丝、虾仁、肉粒、酥花生、水发香菇粒、大头菜粒、鲜笋粒、姜蓉、蒜蓉、葱粒

调料：蚝油、生抽、味精、花生油

实训流程

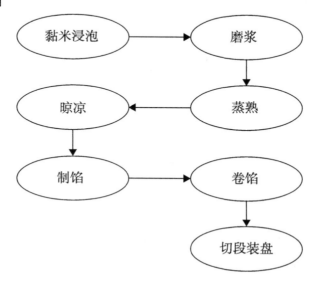

1. 原料

主料：纯白黏米 500 克。

辅料：叉烧丝 20 克、虾仁 10 克、肉粒 10 克、酥花生 10 克、水发香菇粒 10 克、大头菜粒 5 克、鲜笋粒 5 克、姜蓉 5 克、蒜蓉 5 克、葱粒 5 克。

调料：蚝油 15 克、生抽 20 克、味精 5 克、花生油 50 克。

2. 制作方法

（1）黏米充分浸泡8小时后，用石磨磨成嫩滑的白米浆，去10%的米浆用开水冲熟或者半熟，与生米浆充分搅拌后，在簸箕底部涂上薄油，放入适量米浆荡匀，放入蒸笼猛火蒸2~3分钟熟透取出。然后涂上一层面油，即从簸箕中撕出，挂上竹竿散热后折叠待用。

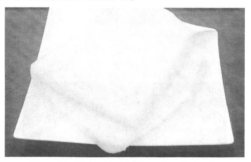

（2）爆香姜、葱、蒜，将其他辅料放入锅中，加入调料炒香入味，取出沥干余油。

（3）将粉皮摊开，均匀地撒上炒料，卷成筒状，剪成5~6厘米的段装盘，食用时撒上葱花，淋上酱油等调料。

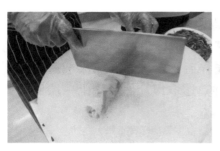 

3. 成品要求

味鲜美、口味丰富、软滑。

4. 制作关键

（1）米要浸透，否则米浆不够滑嫩。

（2）蒸制前，粉浆要荡匀，否则蒸出成品薄厚不均，影响口感。

（3）冲熟粉要按比例，否则粉的质量不好。

兴业老街云吞

活动导读

馄饨(云吞)是中国汉族传统面食之一，用薄面皮包馅儿，通常为煮熟后带汤食用，源于中国北方。

西汉扬雄所作《方言》中提到"饼谓之饨"，馄饨是饼的一种，差别为其中夹内馅，经蒸煮后食用；若以汤水煮熟，则称"汤饼"。

古代中国人认为这是一种密封的包子，没有七窍，所以称为"浑沌"，依据中国造字的规则，后来才称为"馄饨"。在这时候，馄饨与水饺并无区别。

千百年来水饺并无明显改变，但馄饨却在南方发扬光大，有了独立的风格。至唐朝起，正式区分了馄饨与水饺的称呼。

实训指导

实训名称　兴业老街云吞
实训时间　4 学时
成品特点　鲜嫩爽滑、汤醇味美
主要环节　选料—切片—捶肉、制馅—熬底汤—煮制

实训内容

实训准备

主料：猪里脊肉

辅料：猪大骨、云吞皮、生菜、干贝、姜片、葱

调料：盐、味精、胡椒粉、枧水、生抽、花生油

实训流程

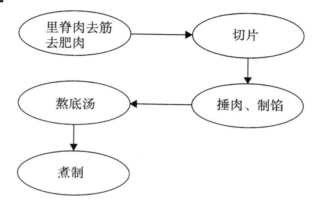

里脊肉去筋去肥肉 → 切片 → 捶肉、制馅 → 熬底汤 → 煮制

1. 原料

主料：猪里脊肉 1 000 克。

辅料：猪大骨 1 500 克，云吞皮、生菜适量，干贝 30 克，姜片 50 克，葱 20 克。

调料：盐 30 克，味精 5 克，胡椒粉 5 克，枧水、生抽、花生油各适量。

2. 制作方法

（1）里脊肉去筋去肥肉，切成厚片用木槌在青石板上锤蓉，放入盆中加盐、枧水、味精、胡椒粉等调料顺一个方向搅拌成胶，再继续摔打增加弹性。

（2）大骨洗净焯水，放入锅中加清水 5 千克大火烧开，中火熬至汤白，加入姜片、干贝一起熬制风味更佳。

（3）生菜放入汤碗底，骨汤加生抽、味精、胡椒粉调味倒入汤碗，云吞皮包入肉胶（可大可小），放入烧开水的汤锅中煮熟捞出放入汤碗即可。

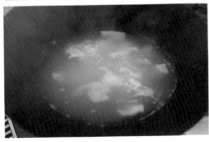 

3. 成品要求

鲜嫩爽滑、汤醇味美。

4. 制作关键

（1）里脊肉要选用刚宰杀好的，不能水洗和压在一起，要摊开。存放时间不宜过长，否则做不成肉胶。

（2）熬骨头汤需要大火熬，适当加入几滴醋，汤水浓白。

玉林大碌米粉

活动导读

　　中华人民共和国成立前，玉林县城区及附近居民逢年过节或有喜庆事时，都有吃大碌米粉的习俗，配以新鲜瘦肉、猪肝、鱼片、粉肠同煮至汤汁呈胶羹状，起锅前加入芹菜、葱花等配料，味道十分鲜美。20世纪50—70年代，每天五灯坡和西街口摆卖大碌米粉的摊档只有几个；20世纪80年代末到90年代初，摊档增到十多个。不过这摆卖的大碌米粉大多于中午前售完，去迟了只能明日赶早。

　　大碌米粉又称大米粉、湿米粉，是南方众米粉中的一种，也是较为独特的一种米粉，是广西玉林人家大年初一最为喜欢和必备的食品，为玉林人广为熟知的一种米粉。现在，流传久远的玉林大碌米粉，已进入"玉林非物质文化遗产"名录。

实训指导

　　实训名称　玉林大碌米粉
　　实训时间　2学时
　　成品特点　肉爽汤鲜，粉滑味醇
　　主要环节　筒骨焯水—熬底汤—原料切片、腌制—煮米粉—加配菜—装碗

实训内容

实训准备

主料：湿米粉

辅料：牛肉、猪肝、肾、百叶、牛肠、芹菜、青葱、青蒜、猪筒骨、腌制柠檬、姜

调料：盐、胡椒粉、味精、豉油膏、生抽、油、酒

实训流程

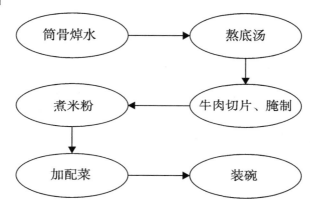

1. 原料

主料：湿米粉 1 000 克。

辅料：牛肉 20 克、猪肝 20 克、肾 20 克、百叶 20 克、牛肠 20 克、芹菜 5 克、青葱 10 克、青蒜 5 克、猪筒骨一副、腌制柠檬 2 克、姜 10 克。

调料：盐 4 克、胡椒粉 1 克、味精 3 克、豉油膏 6 克、生抽 6 克、油 50 克、酒 10 克。

2. 制作方法

（1）先把猪筒骨焯水放锅中，加水煮 2 小时待用。

（2）牛肉等辅料切好，用姜、柠檬、盐、生抽腌制待用，姜、葱、蒜、芹菜切段备用。

（3）锅中加入骨头汤，放入适量盐、豉油膏等调料，加湿米粉一起煮透。再加入生料，煮开后生料刚熟，最后加入芹菜、青蒜段烧开，装碗撒上葱花即可。

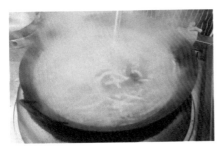

3. 成品要求

肉爽汤鲜，粉滑味醇。

4. 操作关键

（1）原料要新鲜。

（2）底汤的好坏直接影响到味道。